DES CHEVAUX

ART

DE LES

BIEN CONDUIRE, MENER ET SOIGNER

NOTIONS INDISPENSABLES A TOUS LES CULTIVATEURS
ET PROPRIÉTAIRES DE CHEVAUX

Par M. BEILLARD

MEMBRE ET LAURÉAT DE LA SOCIÉTÉ PROTECTRICE DES ANIMAUX
Ancien Postillon,
Conducteur de diligence (Grandes-Messageries) et Relayeur,
Ancien Entrepreneur de voitures publiques;
Maître d'hôtel à Verneuil (Eure).

QUATRIÈME ÉDITION

DÉPOTS
A PARIS, CHEZ MM. BOUCOUX ET PÉRINET
Rue du Croissant, 10
A VERSAILLES, CHEZ MM. BEAUGRAND ET DAX
Rue du Potager, 9
ET CHEZ TOUS LES LIBRAIRES DES PRINCIPALES VILLES DE FRANCE

1875

AVIS

AUX AMIS DE LA PROTECTION

La *Société protectrice des animaux*, déclarée d'utilité publique par décret du 22 décembre 1860, ne limite pas son action à la stricte application de la *Loi Grammont*. Non-seulement elle s'efforce de prévenir les contraventions par la persuasion, mais surtout elle moralise les masses en décernant chaque année, en séance solennelle, des récompenses :

1° Aux auteurs de publications utiles à la propagation de son œuvre ;

2° Aux instituteurs qui enseignent les idées protectrices ;

3° Aux inventeurs et propagateurs d'appareils propres à diminuer les souffrances des animaux ou à faciliter leur travail ;

4° Aux agents de la force publique qui ont fait respecter la loi ;

5° Enfin, à tous les propagateurs de l'œuvre, et à toute personne ayant fait preuve, à un haut degré, de justice et de compassion envers les animaux.

Les *Auteurs* ou *Inventeurs* devront envoyer avant le 1er juin, au secrétaire de la Société, rue de Lille, n° 19, à Paris, un exemplaire de leur œuvre, ou un modèle de leur appareil. — Les *Instituteurs*, un certificat du maire ou de l'un des délégués cantonaux ou de l'inspecteur primaire. — Les *Gens de service*, les *Bergers*, les *Serviteurs* dans les fermes, les *Conducteurs de bestiaux*, les *Cochers*, *Charretiers*, *Palefreniers*, *Garçons bouchers*, fourniront : 1° un certificat de bonne vie et mœurs ; 2° une demande exposant leurs titres aux récompenses et portant la signature légalisée de personnes notables.

SOCIÉTÉ PROTECTRICE DES ANIMAUX

Fondée en 1845

Reconnue d'utilité publique par décret du 22 décembre 1860.

JUSTICE ET COMPASSION — **CARTE DE MEMBRE TITULAIRE** — HYGIÈNE ET MORALE

Monsieur Beillard

Le Secrétaire général, *Le Titulaire,* *Le Président.*

Gindre MALHERBES. A. VALETTE.

Bureaux, rue de Lille, 19, Paris,
Séance mensuelle à laquelle tout Sociétaire a le droit d'assister,
le troisième jeudi de chaque mois,
à trois heures précises,

Septembre et Octobre exceptés.

BULLETIN MENSUEL. — COTISATION : DIX FRANCS.

Revers de la Carte.

Cette carte donne aux membres de la Société protectrice des Animaux le droit de requérir, dans les cas de contravention à la Loi Grammont, l'intervention des Agents de la police municipale.

LOI DU 2 JUILLET 1850

DITE LOI GRAMMONT

Seront punis d'une amende de 5 à 15 francs, et pourront l'être d'un à cinq jours de prison, ceux qui auront exercé publiquement et abusivement des mauvais traitements envers les animaux domestiques. — La peine de la prison sera toujours applicable en cas de récidive. - L'article 483 du Code penal sera toujours applicable.

DIPLOME

SOCIÉTÉ PROTECTRICE DES ANIMAUX

FONDÉE A PARIS EN 1847

(Bureaux, rue de Lille, 19)

JUSTICE
ET
COMPASSION

MÉDAILLE DE BRONZE

HYGIÈNE
ET
MORALE

A Monsieur Beillard, à Versailles.

Paris, 2 juin 1873.

LE SECRÉTAIRE GÉNÉRAL,
GINDRE-MALHERBE.

LE PRÉSIDENT,
A. VALLETTE.

DÉPARTEMENT
DE L'ORNE

MAIRIE
DE
MORTAGNE

Mortagne (Orne), le 11 octobre 1873.

Monsieur,

J'ai reçu la brochure dont vous êtes l'auteur intitulée: Des chevaux; de l'art de les bien conduire, mener et soigner.

Je l'ai lue avec une vive attention, et elle m'a paru contenir des enseignements tellement utiles et pratiques que je me suis empressé d'en donner communication à MM. les membres de la Commission hippique de Mortagne.

Je vous remercie donc d'avoir bien voulu m'en faire l'envoi, et vous prie de recevoir l'assurance de ma considération distinguée.

Le Président de la Société hippique,

Comte de CHAZOT.

P. S. J'ai même déposé à la mairie de Mortagne une de vos brochures, afin qu'elle soit communiquée aux personnes auxquelles elle peut être utile.

DES CHEVAUX

ART

De les bien soigner, mener et conduire

Instructions générales.

Cet art est plus important qu'on ne le pense, car c'est par les connaissances pratiques que l'on parvient à faire les bons chevaux et à les conserver en bon état et longtemps ; c'est aussi le moyen d'éviter les accidents graves qui n'arrivent que trop souvent par l'ignorance de la plupart des conducteurs.

Cet art s'exerce de trois manières principales :

En cocher,
En postillon,
Et en charretier.

Il y a deux vices principaux et même trop communs, qu'il faut éviter dans le choix de tout serviteur qui se propose, sous quelque dénomination que ce soit, pour la conduite des chevaux :

1° L'ivrognerie,

2° La brutalité.

Ces deux vices rabaissent l'homme et le placent au-dessous des chevaux qu'il est chargé de conduire ; ils peuvent compromettre à chaque instant la vie ou la santé des chevaux et occasionner des accidents graves contre les voyageurs dont la vie même est exposée sous leur conduite brutale et souvent hébétée.

On voit assez quels inconvénients peuvent résulter pour les chevaux, le cocher et les voyageurs, des effets de l'ivrognerie de la part du cocher. Parlons plus spécialement de la brutalité qui n'est que trop souvent, pour ne pas dire presque toujours, le fruit et le triste résultat de l'ivrognerie. Quelques exemples, mieux que tous les raisonnements du monde, suffiront pour prouver la vérité de ce que j'avance.

En général, les chevaux se refusent à aller chez le maréchal-ferrant, parce que la plupart du temps il a la mauvaise habitude de les frapper, soit à coups de pied, soit même à coups de marteau, en les faisant tourner sur eux-mêmes et en leur parlant avec brutalité. Le cheval, qui est un animal très-vigoureux, a bien assez de peine à se tenir tranquille, sans qu'on l'excite encore et qu'on l'irrite par de mauvais traitements. Fouetter un cheval ce n'est pas le moyen de le rendre immobile puisque d'habitude c'est pour le faire marcher et courir qu'on le frappe.

Lorsque la première fois on mène un cheval à la forge, il faut le flatter pour lui faire en quelque sorte comprendre ce que l'on attend de lui; bientôt, il se calmera et deviendra même très-docile; mais, pour parvenir à faire ce que l'on veut d'un cheval, il faut bien en connaître les défauts et les vices naturels, s'il en a.

Quand on a affaire à une bête méchante, il faut la dompter par le travail. Mais n'oubliez jamais d'employer la douceur : par la patience unie à la fermeté vous arriverez à faire de l'animal tout ce que vous voudrez.

Cet animal demande beaucoup de soins et de ménagements. Il faut veiller à ce que rien ne lui manque comme nourriture nécessaire, frictions, pansage, etc.

Encore une remarque qui a son importance. Lorsque vous offrez a boire à votre cheval qui paraît altéré, si l'eau est bonne, il boira immédiatement, si elle est mauvaise il la flaire et s'en détourne. Si, au contraire, quand vous lui présentez de bonne eau, il ne la regarde pas, c'est une marque évidente qu'il n'a pas soif.

Ici, comme dans tout le cours de mon travail, je parle guidé par mon expérience. Mon père était cultivateur et marchand de chevaux. J'avais à peine six ans que j'aimais déjà les chevaux ; mes parents ne pouvaient obtenir de moi que je fusse assidu à l'école tant je me plaisais au milieu de ces animaux si intelligents et si bons et dont on peut tout obtenir, en sachant bien les prendre.

A quatorze ans, j'obtins que l'on me confiât trois chevaux attelés à une charrette de blé que je devais conduire à Paris. Je partis d'Alençon (distant de Paris de 193 kilomètres), au milieu de l'hiver ; dès Mortagne, j'avais à descendre une pente très-rapide et par conséquent très-dangereuse. J'arrivai sans encombre, après avoir employé toutes les précautions imaginables ; je crois devoir en donner ici le détail.

Au moment d'arriver à une descente et ne me sentant pas assez fort, j'arrêtais et je mettais la mécanique, je calais les roues de devant, je décrochais les chevaux que je mettais derrière, puis, après avoir ôté les cales, j'obliquais le limonier à droite ou à gauche pour lui donner de la force sans le gêner. J'arrivai ainsi au bas de la pente, sans accident, j'avais eu soin de tenir la dossière bien haute afin que la charge n'appuyât pas trop sur le cheval.

Quand je devais monter une côte rapide, j'avais soin d'arrêter à plusieurs reprises, à un bon endroit, afin de repartir toujours en obliquant à droite ou à gauche. Et les chevaux m'ont constamment obéi, sans que j'eusse besoin de leur donner des coups de fouet. Si, au contraire, j'avais voulu faire comme tant de charretiers qui crient et frappent leurs chevaux, il serait arrivé ceci : Les animaux s'épuisent à tirer droit, la roue s'enfonce en terre et bientôt tout l'attelage, paralysé par la fatigue, est réduit à l'impuissance, et souvent il s'abat.

La plupart des accidents peuvent être évités en suivant les principes suivants :

L'art de bien conduire demande un bon jugement, un coup d'œil assuré et une attention constante.

Il demande aussi une bonne main ; c'est-à-dire une main très-légère pour le cheval qui a la bouche sensible.

Si vous voyez que le cheval refuse d'obéir, il faut en rechercher la cause, avant de le contraindre ou de le corriger.

Le meilleur cheval peut devenir mauvais s'il est mal dirigé ou surmené. Si l'on exige de lui au delà de ses forces, il vous laisse évidemment dans l'embarras.

Le charretier qui attelle deux ou trois chevaux et plus doit avoir deux guides à son cheval de devant pour l'obliger de marcher à droite ou à gauche, suivant le besoin ou le désir du charretier.

Si, par exemple, le cheval de devant est effrayé sur sa droite, il se jette brusquement sur la gauche, c'est-à-dire sur le charretier qui, faute de guide, ne peut le retenir. Il entraîne les autres chevaux, qui, forcément, suivent l'impulsion, et il peut s'ensuivre de graves accidents, surtout quand l'attelage se trouve sur un plan incliné, où il peut être entraîné, même avec le charretier dont les efforts se trouvent paralysés.

Lorsqu'on veut atteler le cheval limonier, il faut élever la voiture au-dessus de son dos, car, si le cheval est chatouilleux, les brancards peuvent lui frotter les cuisses ou le ventre et le porter à lancer une ruade et à se jeter vivement de côté. Si, ensuite, on le fouette pour le faire entrer dans les brancards, voilà une bête rétive, et, par ce seul fait, il ne voudra plus se laisser atteler.

Le cheval limonier doit être attelé de façon que les brancards dépassent son collier de 10 centimètres, afin de lui donner de la force pour *braquer* c'est-à-dire obliquer à droite ou à gauche.

Les chainettes de reculement doivent être à 5 centimètres d'intervalle du reculement aux cuisses; si le cheval est bien tendu sur les harnais de devant, quand il arrive à une descente, il ne se trouve pas entraîné.

S'il est surpris par un coup trop brutal, les chainettes de reculement peuvent se rompre, et, dans ce cas, la charrette tournera au hasard et il pourra en résulter de graves accidents.

De même si la voiture doit tourner dans un espace très- resserré, et que le limonier soit attelé *trop long*, il donne un coup violent et, s'il est vigoureux, il brise tout.

Cette façon d'atteler doit se faire pour les voitures à quatre roues, comme pour celles à deux roues, les avantages comme les inconvénients étant identiques.

Avant d'enlever la voiture de place, si elle est fortement chargée, il faut lâcher en arrière une roue, soit celle de la main ou celle hors main, selon la position ; caler en arrière celle qui se trouve en avant ; dresser bien les chevaux sans bruit et sans rien dire ; une fois bien dressés, parler avec un coup de fouet en l'air, et quand les chevaux ont donné leur coup de collier avec ensemble, ne plus essayer, car l'union fait la force. Si la voiture n'est pas enlevée de ce premier coup, il faut chercher d'autres moyens, mais surtout ne pas battre ces pauvres bêtes comme le font tant de charretiers brutaux et ineptes, qui ne connaissent que le fouet et qui souvent les frappent avec la verge du fouet qui est ordinairement flexible et leur fait un mal affreux. Aussi ces mauvais charretiers n'ont-ils dans les mains que des rosses, parce que les bons chevaux qu'on leur confie deviennent en peu de temps sans valeur, vu qu'ils n'ont su ni les atteler, ni les conduire, ni les soigner.

Si l'on descend une côte, il faut lever bien haut la dossière et allonger la sous-ventrière. Pour plus de sûreté il faut *accrocher* les chevaux de trait à la voiture par derrière, afin de soulager le cheval limonier ; car la mécanique seule a une forte pression sur le dos du cheval, et d'ailleurs, cette mécanique peut casser ; ce qui, assurément, occasionnerait un désastre, lequel sera généralement évité par la résistance des chevaux de trait accrochés derrière.

Si l'on monte une côte avec difficulté, il faut s'arrêter dans une place convenable, caler les roues pour faire reprendre haleine aux chevaux, afin de ménager leurs forces. Pour repartir, il ne faut pas oublier de faire obliquer le cheval de devant, soit à droite, soit à gauche, afin d'enlever plus facilement la voiture.

Lorsque l'on entre dans un chemin défoncé par les pluies ou par d'autres causes, il faut s'arrêter et aller examiner de quel côté il convient de placer les chevaux et les roues, sonder même les parties inconnues. Ensuite, avant de se mettre en marche, il faut placer à la main le cheval de devant avec guides à droite et à gauche, pour le bien diriger.

On ne doit jamais abandonner les guides parce qu'il peut arriver que le cheval de devant, en obliquant à droite ou à gauche, suivant son caprice ou son habitude des lieux, entraîne les autres chevaux et occasionne des accidents plus ou moins graves aux personnes et aux chevaux. D'ailleurs 3 ou 4 chevaux peuvent valoir trois cents francs comme 3 et 4,000 francs. Un accident arrivé à un cheval compromet les intérêts du propriétaire, et un bon conducteur doit tenir à honneur de conserver la propriété de son maître, c'est son devoir rigoureux.

Le manque d'attention de la plupart des charretiers est seul la cause de la plus grande partie des accidents par les voitures.

Les charretiers ont la mauvaise habitude de s'arrêter trop longtemps au cabaret ; le cheval s'épuise à toutes ces haltes, surtout quand il supporte la charge qui pèse sur son dos et qui épuise ses forces. Il y a une foule de choses qui ruinent le cheval que l'on pourrait, au contraire, soulager de toutes les façons. Le charretier devrait mettre sa fierté à avoir un bon attelage. La lecture de ces pages bien méditées résoudra un problème très-intéressant, celui de la bonne conduite à imprimer à l'attelage quel qu'il soit.

Jamais je n'ai confié à personne mes chevaux pour les faire boire. Parmi ces animaux les uns ne boivent pas ou boivent difficilement et les autres boivent trop : entre ces deux extrêmes il y a un juste milieu à observer. D'abord il faut que l'eau soit bien propre comme je le dis ci-dessus. Surtout veillez vous-même à ce détail qui est très-important.

Revenons maintenant à la manière la plus rationnelle de conduire les chevaux.

Le charretier doit avoir presque constamment la main sur les guides; mais, s'il les abandonne, il est expressément obligé de se tenir entre le cheval limonier et celui de cheville, afin d'être toujours prêt à diriger l'attelage.

Il ne doit jamais fouetter sans qu'il y ait nécessité, parce que le cheval vigoureux fait, dans ce cas, plus que son devoir, tandis que les chevaux lents ne font plus rien.

Souvent un cheval fouetté sans raison devient

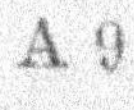
A 9

furieux parce qu'il craint d'être battu, et les mauvais charretiers le frappent de nouveau pour lui faire passer cette peur, sans songer qu'ils le rendent plus ombrageux. Ils finissent par l'épuiser et d'un bon cheval ils en font un mauvais.

Au contraire, on ne doit fouetter un cheval que par nécessité ; il faut stimuler les paresseux, car il y en a, mais ne jamais toucher celui qui fait bien son service. En général, il suffit que le charretier flatte les chevaux pour qu'ils n'aient jamais peur de lui, ou plutôt de son fouet.

Les chevaux ont des caprices tout comme les hommes ; le charretier intelligent doit s'attacher à les en corriger avec douceur, et, par ce moyen, il y parviendra toujours et se fera aimer d'eux.

Si dans un attelage il y a des chevaux peureux, il faut leur éviter le bruit et les surprises ; par exemple, les arrêter quand arrive près d'eux une locomotive soufflant plus ou moins fort, et par précaution enchaîner les roues de la voiture.

Si l'on a un détour à faire, il faut que les chevaux de devant aident le limonier.

Les mauvais charretiers font obliquer seul celui-ci, tandis que les autres tirent en droite ligne, ce qui quintuple le travail du limonier et le ruine en le maîtrisant.

Il est indispensable de jeter un coup d'œil en arrière de la voiture, afin de s'assurer qu'il y a place suffisante pour tourner ; ce manque d'attention, en ville par exemple, peut amener l'enfoncement d'une boutique et occasionner des dégâts plus ou moins considérables, dont le propriétaire de la voiture est responsable.

Il faut s'assurer qu'un cheval est bien colleté, c'est-à-dire que le collier ne lui serre point la gorge ; car sa force en serait diminuée et il pourrait s'ensuivre un étouffement complet.

Il faut toujours être muni de deux morceaux de bois, pour caler les roues dès qu'il en est besoin, car si l'on se trouve obligé d'aller chercher des cales ou des pierres à droite ou à gauche, sans en trouver immédiatement, le limonier peut, pendant ce temps, être emporté par la voiture, ou tomber étouffé.

Du Pansage.

La plupart des charretiers attellent leurs chevaux pour faire une longue route sans s'assurer qu'ils ont convenablement mangé et bu ; aussi, en arrivant à destination, se précipitent-ils sur le foin, comme sur l'eau, ce qui peut leur être funeste.

Le cheval doit être visité de 6 en 6 heures au moins. Lorsqu'il rentre à l'écurie on doit lui faire une belle paille après l'avoir *déshabillé.* S'il veut se rouler dessus, il faut le laisser faire.

Une fois bien roulé de droite et de gauche, il faut le bouchonner avec la paille ou une brosse de chiendent, et tenir l'écurie bien aérée et chaude. Il ne faut pas attendre plus de 30 minutes pour le faire boire après qu'il a mangé. Si l'écurie est froide il faut le couvrir.

Si le cheval est en sueur, on ne doit lui donner que moitié de sa ration d'eau ; une heure après, lui donner l'autre moitié ; parce que, si tout d'abord il absorbait trop d'eau, il en résulterait des coliques violentes, capables d'amener la mort.

Après être bien séché, il faut bien l'étriller en prenant le poil à rebours.

Avant de commencer à l'étriller, on doit lui parler en portant la main sur son épaule.

Si c'est un cheval que vous ne connaissez pas, il faut vous placer en face du garrot afin que, s'il est méchant, il ne puisse vous donner un coup de pied de devant, ni vous atteindre avec un pied de derrière.

Si le cheval est doux, poussez l'étrille le long des reins et du ventre jusqu'à la queue, ensuite changez de main et étrillez jusqu'à la tête.

S'il est chatouilleux, sensible ou délicat, ne persistez pas avec l'étrille, prenez la brosse pour passer sur les os principalement et sur la tête, en faisant bien attention à ne pas la passer sur les yeux.

Il faut avoir soin, en étrillant, de frapper souvent l'étrille sur un corps dur pour en faire sortir la poussière. Quant aux jambes, il faut les bien nettoyer et en peigner les crins, de manière qu'il ne reste ni poussière ni corps étrangers qui amèneraient des démangeaisons ou plutôt des ardeurs fort nuisibles.

Après l'avoir bien nettoyé, il faut le rentrer à l'écurie (car, autant que possible, le pansage doit être fait hors de l'écurie), lui faire une bonne paille fraîche, lui donner ce dont vous pensez qu'il a besoin et le laisser tranquille, afin qu'il puisse se coucher s'il le veut. Ceci s'applique surtout aux jeunes chevaux.

Si, par exemple, vous devez partir le matin à 5 heures, levez-vous à 3 heures, donnez de l'avoine, arrangez la paille, ôtez le crottin; enfin faites son lit; une demi-heure après, le cheval est couché. Une fois levé, il s'étend, se détire et urine. Enfin, vous lui donnez à boire, puis l'avoine, et le voilà prêt à partir; il n'a plus aucune fatigue.

On peut donner au cheval, selon son travail, toute espèce de nourriture, c'est-à-dire luzerne, foin, trèfle, sainfoin et avoine pourvu surtout que cette alimentation soit bien sèche, bien propre et sans poussière.

A l'écurie, il faut que le ratelier soit droit, afin que le cheval, en relevant la tête, ne se frappe pas au ratelier et que les graines du fourrage ne tombent pas dans ses crins.

Attachez-le de manière qu'il puisse atteindre au ratelier et se coucher à volonté.

Une attache trop longue donne au cheval la facilité de taquiner son voisin et même de le mordre, ce qui amène forcément un combat et de la haine entre eux, et ce qui, tôt ou tard, donnera lieu à des accidents au préjudice du propriétaire. Il faut donc, autant que possible, placer une forte barre ronde ou des stalles de bois entre deux chevaux, en observant un intervalle de 2 mètres entre chaque cheval, afin qu'il puisse se coucher et étendre les jambes pour se reposer.

Lorsqu'on donne l'avoine, il faut la bien vanner en dehors de l'écurie, afin que la poussière ne tombe pas sur les chevaux. Parlez à votre cheval pour qu'il ne vous donne pas un coup de pied. Il faut aussi s'assurer qu'il n'y a pas de pierres dans les mangeoires, aussi faut-il les balayer et faner le foin dehors avec le plus grand soin. En relevant la paille de litière, évitez de porter la fourche trop haut afin de ne pas jeter du crottin dans la mangeoire, ce qui répugnerait fort aux chevaux.

Lorsqu'on rentre un cheval à l'écurie, il faut en ouvrir la porte toute grande afin qu'il ne s'accroche pas ; car s'il s'accroche il craint d'entrer et entre de travers, ou même refuse d'entrer.

Si le cheval est blessé aux épaules, il faut battre le collier pour le ramollir, le mettre au soleil, et, au besoin, y ajouter un coussin de crin, de chaque côté de la blessure, afin d'en obtenir la guérison.

Manière de conduire une voiture à quatre roues (Grandes guides).

Le cocher, avant de monter sur le siége, doit s'assurer que les chevaux sont bien attelés, bien ferrés, et s'il ne manque rien aux harnais, ainsi qu'à la voiture.

Sur le siége, il doit être assis à l'aise, avoir ses mouvements libres et le buste droit sans raideur ; il doit tenir les coudes rapprochés du corps, ne pas s'agiter sur le siége, ni se pencher sans nécessité, d'un côté ou d'autre, ni tendre les bras en avant. Il doit être tout entier à son affaire, sans se préoccuper d'autre chose que des chevaux et de la voiture.

Un bon cocher, quelque mouvement qu'exécute la voiture, doit, sans avoir l'air d'y regarder, juger exactement où la roue va passer.

Le défaut le plus commun chez les cochers, c'est d'avoir la main mauvaise, c'est-à-dire de ne pas savoir ménager l'action du mors.

D'autres, pour avoir la main très-légère,

laissent flotter entièrement les guides, et par cette faute ne peuvent souvent empêcher un cheval de tomber.

Pour tourner, reculer, ils saisissent précipitamment les guides et donnent de fortes saccades qui, souvent réitérées, finissent par endurcir la bouche du cheval et la rendent insensible.

Le même inconvénient se présente si le cocher tient les guides constamment tendues ; vainement alors augmente-t-on la force du mors, on ne fait qu'endurcir de plus en plus la bouche du cheval, au point qu'il devient ingouvernable et peut, à chaque instant, prendre le mors aux dents.

Un bon cocher doit savoir rendre et retenir les guides à ses chevaux, par un mouvement moelleux de la main, afin de ne pas nuire à la sensibilité de la bouche : mais cela de temps en temps, non point coup sur coup, ni brusquement ; car des chevaux ardents en seraient impatientés et l'on arrêterait court les chevaux nonchalants.

Il y a des cochers dont la main est si délicate et moelleuse que, sans quitter les guides, ils ne font sentir le mors que d'une manière presque imperceptible, et rendent ou retiennent la bouche, quand est besoin, sans que l'on voie, pour ainsi dire, remuer leurs mains.

C'est ce moelleux de la main qui fait reculer sans difficulté, et, c'est à ce mouvement que l'on reconnait qu'un cocher a la main bonne et légère ; car celui-ci le fera avec aisance, tandis qu'un autre ayant la main mauvaise mettra les chevaux et lui-même en sueur.

On peut se servir du fouet tantôt comme aide ou stimulant, tantôt comme châtiment ; dans ce dernier cas, il faut que ce soit à propos, par exemple, pour soutenir dans un tournant le cheval qui faiblit et le remettre sur les hanches quand il s'abandonne trop sur les épaules.

Pour faire tirer, de concert avec son camarade, un cheval qui se néglige, il faut faire sentir légèrement le fouet au moment même de la faute, afin que le cheval comprenne la raison qui le fait châtier.

Du reste, il ne faut user de ce moyen que par nécessité, autrement les chevaux s'y habitueraient.

Lorsqu'on conduit en ville, il faut prendre des précautions pour éviter les accidents. Ralentissez le pas à l'approche d'un tournant et tournez du plus loin possible, pour éviter de donner dans quelque autre voiture.

Quand on tourne trop court, surtout en allant vite, on s'expose à verser ou tout au moins à voir le cheval s'abattre. Enfin, si l'on se trouve inopinément engagé dans quelque embarras où il faut reculer, c'est là qu'il est essentiel d'être bien maître de la bouche des chevaux ; sans quoi, au lieu de reculer promptement et en ligne droite, on risquerait de se mettre au travers de l'obstacle et d'être soi-même froissé ou d'occasionner quelque accident grave.

En voyage, il est bon de mener alternativement au trot et au pas pour ménager les chevaux, s'ils ont une longue course à faire.

Il faut les soutenir avec la voix ou avec la main dans les mauvais chemins, afin qu'ils ne s'abattent pas, et mettre le timon sur l'ornière, afin que les chevaux marchent sur le terrain solide ; mais dans les bons chemins on peut et même on doit les laisser aller à leur fantaisie.

Il faut avoir soin de traverser en biais les ruisseaux ou les trottoirs s'ils sont pavés ; car, si on les prenait *au droit* on pourrait, par le choc brusque qui s'ensuivrait, casser un essieu de la voiture.

Il ne faut pas attacher les guides au garde-crotte, il y a danger. Si le cheval tourne à droite ou à gauche, les guides tirent sur la bouche du cheval, ce qui peut déterminer un malheur. Au contraire, pour éviter le danger, il faut attacher les guides sur la croupe du cheval.

Placé sur le siége, le cocher doit toujours regarder 25 mètres en avant, afin d'éviter les obstacles qui pourraient se présenter.

Lorsque deux chevaux sont attelés à une voiture à quatre roues, il faut, pour entrer dans un endroit étroit, fixer les yeux sur le timon et non sur les chevaux : C'est le timon qui sert de gouvernail dans cette circonstance.

Deux voitures marchant à la suite l'une de l'autre, au trot, la seconde doit se trouver à la distance de 30 mètres de la première, afin d'éviter tout accident.

Quand on est lancé à grande vitesse, la voiture de devant peut s'arrêter pour une cause ou pour une autre ; celle de derrière suivant de très-près, suivant la mauvaise habitude des individus qui conduisent, avec ce faux principe que la tête du cheval de la deuxième voiture doit toucher l'arrière-train de la première, il s'ensuit tout naturellement que le brancard de la seconde voiture peut défoncer la caisse ou le coffre de la première, atteindre les voyageurs, les blesser et même les tuer.

Ce que je dis, je l'ai vu maintes fois et souvent j'ai exprimé mon sentiment à cet égard ; mais on n'a jamais voulu comprendre mes raisons et lorsque la faute était reconnue par les personnes auxquelles je l'avais signalée, il était trop tard, le mal était fait.

S'il me fallait rapporter tout ce que j'ai vu à cet égard, mauvais traitements infligés aux chevaux, accidents plus ou moins graves pour les voyageurs, les cochers ou les charretiers etc., etc., un volume y suffirait à peine.

Je me bornerai donc à faire connaître, dans l'intérêt de tous, le bon et le mauvais côté des procédés pratiqués jusqu'à ce jour, afin que les personnes qui voudraient les apprécier et les pratiquer puissent en profiter, et, par là, éviter grand nombre d'accidents.

Je citerai, entre beaucoup d'autres, l'exemple suivant :

Pendant huit ans je suis resté chez M. le duc de Caumont, pair de France, à Chandai (Orne), en qualité de postillon ; j'y ai conduit un cheval qui, par méchanceté, avait blessé huit conducteurs ; personne n'osait s'approcher de cet animal, pas plus le maréchal que le bourrelier. Je l'ai conduit pendant quatre ans, sans qu'il me soit jamais arrivé le moindre accident.

Quand un cheval est méchant, on ne peut le corriger que par principes, après avoir bien étudié son caractère ; ainsi, lorsqu'on mène un cheval chez le forgeron, il faut lui couvrir la tête avec une toile, et en lui parlant on lui met la muselière. De même quand j'arnachais mon cheval, il était toujours attaché à deux anneaux, au moyen de deux longes, de sorte qu'il lui était impossible de me mordre, pas plus d'un côté que de l'autre. Quoiqu'il fût méchant des quatre pieds et de la bouche, j'étais cependant parvenu à en faire ce que je voulais, néanmoins je me tenais toujours sur mes gardes.

L'habileté et la prudence sont les seuls moyens à employer contre un cheval qui mord ; car si l'on a trop de confiance, au moment où l'on y pense le moins, il vous surprend.

J'ai passé la plus grande partie de ma vie à soigner et à conduire les chevaux, et, jusqu'à ce jour, je n'ai jamais éprouvé d'accident ; de plus je suis toujours resté vainqueur de mes concurrents, à partie égale.

Autre fait :

Etant entrepreneur d'un relais de la voiture Margot, allant de Paris à Argentan (Orne), j'achetai à ce dernier un cheval pour faire mon service de Verneuil à Chandai. Cet animal n'avait pu être attelé par personne ; cependant, je parvins à le dompter. J'attelais d'abord les autres chevaux, puis au moment de monter sur le siége, je lui mettais un mouchoir devant les yeux pendant que je l'attelais, et une fois en route je le lui ôtais. Il n'y avait pas moyen de faire autrement ; car il brisait tout. Je me suis servi de ce cheval, qui était beau et bon coureur, pendant deux ans.

Il sortait de la poste d'Essonne, près Fontainebleau, où il avait été employé au transport du courrier.

Lorsque je devins entrepreneur du relais de Mortagne à Gué-à-Pont (Orne) dont le parcours est de 12 kilomètres (route nationale), je conduisais pour l'administration les Jumelles, voitures attelées de cinq chevaux ; or de Paris à Alençon, descendant la côte de Mortagne qui est pavée et très-rapide et d'une longueur de 1,500 mètres avec une courbe très-prononcée, la mécanique de ma voiture se brisa vers le milieu de cette côte. Les vingt-cinq voyageurs et les messageries qu'elle contenait formaient un poids d'environ cinq mille kilog. Tout à coup je me vois emporté par la rapidité de la côte ; mais, grâce à mon sang-froid et à l'habitude que mes chevaux avaient des courbes, j'appuyai à gauche, pour entrer dans une rue où se trouvait un monticule qui devait être mon seul espoir.

Dans cette partie de la voie, les trois chevaux de devant étaient attelés de front ; lorsque je pus les diriger vers la gauche ils se trouvèrent dételés. Ayant tout à la fois aux mains les guides des deux chevaux du timon, je dirigeai ces derniers de manière que les trois chevaux de devant se trouvèrent derrière la voiture. Si ces chevaux n'avaient pas été bien dirigés, ils pouvaient s'abattre et je compromettais l'existence de mes vingt-cinq voyageurs, en même temps que je m'exposais à voir ma voiture brisée.

Une foule effrayée accourut, croyant à un malheur inévitable ; mais, grâce à Dieu, il n'y eut aucun accident à déplorer ; je repris ma course et nous arrivâmes sans aucun dommage.

Passons à un autre fait :

J'avais acheté, en octobre et en novembre 1849, six chevaux dans le Perche, c'est-à-dire dans l'arrondissement de Mortagne, chez des cultivateurs propriétaires dont voici les noms :

MM. Laurent aux Forges, commune de Tourouvre (Orne) ;

Guimont à la Revardière, commune de Fain;

Guimont à la ferme de la Géveuse, commune de Villiers.

Les chevaux étaient âgés de quatre, cinq, et six ans. Les propriétaires du pays ne pouvaient comprendre comment, à l'entrée de l'hiver, je pouvais employer des chevaux à un service aussi pénible auquel ils n'avaient pas été habitués, et cependant, jamais un seul d'entre eux n'a été boiteux, ni fourbu.

MM. Gauthier et Montaroux, vétérinaires à Mortagne, me disaient : « Si tous les conducteurs de chevaux étaient comme vous, nous mettrions le fouet sous l'auge. » Six ans après les chevaux étaient sains de leurs jambes comme le premier jour.

M. Duval, administrateur des messageries Jumelles à Paris, avec qui j'avais traité, M. Daubette Marc, inspecteur, et tant d'autres me demandaient comment je pouvais maintenir mes chevaux toujours dans le même état ; car jamais je n'en ai eu un seul malade. Six ans après je vendis cinq de ces chevaux à l'administration des Jumelles, et je n'en gardai qu'un seul.

Ce cheval que j'avais acheté chez M. Guimont à la ferme de la Geveuse, à Bivilliers, avait perdu un œil, par suite d'une fluxion, quatre ans plus tard, il devint aveugle. Ne trouvant pas le prix de sa valeur, je me décidai à le garder. Je le faisais marcher comme un cheval clairvoyant, si bien que beaucoup de connaisseurs pariaient qu'il n'était pas aveugle.

Il était plein de feu et de vivacité et ne bronchait jamais. Un jour je voulus éprouver ses forces ; je partis de Tourouvre avec une voiture à deux roues, pour me rendre aux courses du Haras du Pin (Orne), d'un parcours de 100 kilomètres aller et retour, avec dix voyageurs parmi lesquels se trouvaient M. Horian percepteur, M. Marquery, maître de poste à Saint-Maurice, M. Dufour, receveur d'enregistrement. Tous furent étonnés de la rapidité de ce cheval.

M. Boisdulier, juge au tribunal de Mortagne, désirait se rendre à Rennes avec sa famille. Le poids de mon chargement était de 1,000 kilos. Nous nous mîmes en route le jeudi à 5 heures du matin, et, le vendredi, à 6 heures du soir, nous arrivions au château de M. Boisdulier, situé sur la route de Rennes. Mon cheval ne paraissant nullement fatigué, je voulus tenter une nouvelle épreuve ; malgré M. Boisdulier, je repartis de son château près de Rennes, le samedi à 6 heures du matin, et j'arrivai à Mortagne le dimanche à 3 heures. Quoique je montrasse un certificat que m'avait délivré M. Boisdulier, personne ne voulut croire que mon cheval eût fait ce voyage, dans lequel cependant, je dois le dire, j'éprouvai un désagrément : obligé de faire manger de l'avoine nouvelle à mon cheval, il eut la diarrhée, ce qui ne laissa pas que de l'affaiblir.

Le total de mon parcours était de 102 lieues, mais j'avais bien soin, à chaque station, de le frictionner dans toutes les parties du corps, et de lui faire le pansement nécessaire. Six ans après, le manque d'occupation me força de vendre mon cheval qui, bien qu'âgé de dix-huit ans, paraissait tout au plus en avoir six, tant il était solide et vigoureux ; mais un mois après, il se cassa l'épaule chez un cultivateur.

Voilà comment trop souvent finissent les bonnes bêtes entre les mains de gens qui, manquant de connaissances spéciales, compromettent les intérêts du propriétaire.

J'ai fait aussi un voyage de Longny (Orne) pour le déménagement de M. Lacombe employé de régie, qui se rendait à Jumillac-le-Grand (Dordogne). Je partis, le 11 décembre, de l'hôtel de France à 3 heures de l'après-midi ; j'awais eu la précaution de me munir de cales de bois comme nous l'avons dit plus haut. Elles furent d'une grande utilité. Quand je fus à 4 kilomètres de Longny, à une montagne assez longue et rapide, mon cheval perdit pied sur la neige ; j'allais être précipité dans un ravin, lorsque j'eus recours à mes cales pour arrêter les roues ; mais, malgré ma lourde charge et le mauvais état des chemins j'arrivai à Rémalard où je couchai. Je continuai ma route par Mondoubleau, Tours, Angoulême. Ensuite je pris la route de Périgueux et j'arrivai à Thiviers vers 10 heures du soir. Là je pris deux chevaux de renfort pour me conduire à Jumillac (12 kilomètres) par un chemin où un courrier portait les dépêches à cheval. Le maître d'hôtel me dit que je ne pourrais pas arriver avec un chargement d'une telle hauteur et par des chemins aussi mauvais. Je le priai de me donner un homme qui voulût bien m'obéir, et avec toutes les précautions possibles, je parvins, à 10 heures du soir, à Jumillac, où je surpris M. Lacombe et plusieurs personnes qui s'étonnaient de ce que j'avais pu arriver sans accident.

Après un jour de repos, je chargeai trois pièces de vin à Thiviers (Dordogne), chez M. Theulier, propriétaire, pour les conduire chez moi à Tourouvre. La totalité de mon parcours était de 210 lieues que je fis en 26 jours.

Avant de faire de telles entreprises on doit toujours s'assurer des forces de son cheval, car, bien que l'animal soit bon, il ne faut pas non plus le surmener.

J'ai aussi guéri des chevaux blessés, par des recettes que m'a fournies un de mes amis, vétérinaire, qui me portait beaucoup d'intérêt, et j'ai conservé un remède qui ne laisse pas trace de plaie.

Il y a quinze ans, lorsque j'avais un relais au Gué-à-Pont, le beau-père de M. Delorme, notaire à Mortagne, étant avec sa famille dans une voiture à quatre roues, le cheval qui pouvait valoir 1,000 à 1,200 francs, tomba et se brisa les genoux : il y avait à craindre que la synovie fût atteinte. Une personne vint a parler de moi ; on m'envoya chercher, et je soignai ce cheval afin qu'il ne devint pas fourbu à la suite d'une telle émotion. Je nettoyai soigneusement la plaie et je détachai les chaires pendantes, ne laissant rien dans les plaies. Quoique je ne dusse rester que trois heures à Mortagne, je continuai mes soins avec le plus grand succès. On croyait le cheval perdu ; mais, au bout de quinze jours, il reprit sa route.

Dans la même ville, M. Chandelier, entrepreneur de voitures publiques, possédait un cheval auquel il était venu mal à un pied de devant. M. Montaroux, vétérinaire, soignait cet animal ; mais le mal empirait tellement qu'li n'y avait plus moyen de toucher le pied du cheval qui se refusait ainsi à tous les soins.

Par suite des grandes chaleurs, les vers se mirent à fourmiller dans le pied qui pourrissait. Le vétérinaire dit qu'il fallait alors livrer l'animal à l'équarrisseur, tout soin devenant complétement inutile. M. Chandelier vint me trouver pour savoir quel parti il y avait à prendre. Je lui répondis que je n'étais pas vétérinaire; mais que, s'il voulait me confier son cheval, j'en ferais ce que je pourrais. Une fois l'animal chez moi, la grande difficulté était d'arriver à lui toucher le pied; je lui cachai les yeux, je le caressai et enfin, après bien des épreuves, le cheval se laissa faire: je lui nettoyai le pied et enlevai le pus de la plaie; un mois après, il marchait; plus tard il courait, et il a vécu encore bien des années.

Lorsque j'étais maître d'hôtel au *grand Saint-Martin*, à Verneuil (Eure), M. Rosse, brasseur à Balines, remit son cheval au garçon qui le plaça à côté de celui de M. Boyer, propriétaire à Breteuil. Il reçut un coup de pied du cheval de M. Boyer qui lui brisa l'épaule gauche. Je fis appeler M. Macé, vétérinaire, en présence de MM. Boyer et Rosse, qui constata qu'il y avait cassure de l'épaule.

Je donnai à chacun 50 francs et le cheval me resta. Je préparai aussitôt une bricole et je suspendis le cheval de temps à autre (1). Au bout d'un mois il marchait ; deux mois après, il labourait, enfin au bout de quatre mois, il courait attelé à un cabriolet, comme par le passé, et sans ressentir aucun mal. Je le vendis six mois après 625 francs à M. Bertoux, négociant à Rouen.

Je cite des faits bien précis. Jusqu'à ce jour on n'a pas donné au cheval les soins qu'il lui fallait, et cependant c'est l'animal qui rend le plus de services à l'homme et qui devient le plus facile à conduire quand il est bien dressé.

Nota. — Une grande faute dans la loi sur le roulage et les voitures publiques, c'est de faire mettre à droite la lanterne ; c'est à gauche qu'on devrait la placer. En effet, lorsque deux voitures se rencontrent, il resterait entre elles une largeur de deux mètres, tandis que souvent on se guide sur la lanterne comme point de mire et on se trouve surpris par

(1) Un cheval ne doit pas être laissé suspendu plus de six heures : descendez-le pour qu'il urine.

l'épaisseur des deux voitures. Si, au contraire, la lanterne était à gauche, on se guiderait avec sécurité sur elle, et jamais il n'arriverait de ces rencontres malheureusement trop fréquentes.

De l'attelage à quatre roues.

Lorsque vous attelez au timon, commencez par les chaînettes ou plates-longes, mettez ensuite les traits, puis revenez au timon pour régler la distance de l'attelage de vos chevaux ; car voici un inconvénient qui résulte de l'habitude assez générale de mettre les traits les premiers, c'est que, si votre cheval démarre pour une cause ou pour une autre, la voiture vient frapper les jambes de l'animal effrayé : la voiture se trouve alors comme un navire désemparé et sans gourvernail, car le timon est le guide de la voiture ; donc en l'accrochant le premier, on évite toute occasion de danger.

Entretien du pied de cheval.

1° Par un temps sec graissez le sabot autour du pied, sans cependant répéter trop souvent cette opération, car elle affaiblirait la corne.

Recommandez au maréchal de ne pas faire déborder le fer, c'est-à-dire de ne pas lui donner trop de longueur, ce qui est dangereux pour les pieds de devant que, dans une course rapide, le cheval peut atteindre avec les pieds de derrière, ce qui détermine parfois une chute.

2° Lorsque le fer du pied de derrière est trop long et que le cheval veut se gratter, il peut s'accrocher dans sa longe ou son licol ; s'il s'abat il peut s'étouffer. Il vaut donc mieux que le fer manque un peu de longueur ; il n'y a pas d'inconvénient.

Nota. — Lorsque vous rencontrerez un homme qui tient un ou deux chevaux à la main, ne passez jamais hors la main ; car le cheval, sans être méchant, pourrait, par gaîté, vous lancer une ruade ; passez toujours du côté de l'homme et jamais il ne vous arrivera d'accident.

Du charretier.

Il faut toujours mettre deux guides au cheval de devant. Faute de prendre cette précaution essentiellement nécessaire, il arrive des faits dans le genre de celui dont moi-même j'ai été le témoin. A Gué-à-Pont, route de Paris à Brest, il y a sur le bord du chemin un abreuvoir ; le cheval de devant de l'attelage avait pour habitude d'aller y boire. Ce jour-là il faisait chaud et le charretier était à son poste. Malgré tous les efforts de cet homme, l'animal entraina les autres. Heureusement qu'il n'y eut pas d'accident à déplorer, quoique la voiture fût chargée de 8,000 kilogr. et d'une valeur de 40,000 francs de marchandises.

Combien d'autres faits je pourrais citer !... Celui que je viens de rapporter doit suffire pour prévenir tout danger. Outre le manque de prévoyance ou d'habileté, l'abus de la boisson entraîne à bien des accidents qu'il serait trop long d'énumérer ici ; les cochers, charretiers, etc.. ne sauraient assez se mettre en garde contre l'ivrognerie et ses funestes effets, non-seulement pour eux-mêmes, leurs chargements et leurs attelages, mais encore pour les malheureux passants trop souvent victimes de l'imprudence ou de l'insouciance des conducteurs de voitures, dans les rues et sur les grandes routes.

Telles sont mes idées, résultant d'une longue expérience. Je mets le fruit de mes connaissances à la disposition de toutes les personnes qui, par leur position ou leur état, sont à même de profiter de mes conseils.

De plus, tout propriétaire qui aurait besoin de mon concours ou de celui de mon fils qui a acquis les mêmes connaissances que moi, pour acheter des chevaux percherons ou bretons, pourra s'adresser à nous deux ; je me ferai un plaisir d'accéder a sa demande.

Je soumets ces quelques notes à l'examen des membres de la Société protectrice des animaux (1) ; j'ose espérer que leur sollicitude

(1) Les bureaux de la Société protectrice des animaux sont rue de Lille, n° 19, à Paris. Toute personne amie des chevaux et de l'agriculture doit tenir à honneur de faire partie de cette Société.

pour les intérêts de l'humanité leur fera accueillir favorablement ces pages et donner, par leur influence, à ces théories basées sur l'expérience, la sanction d'une pratique de plus en plus répandue et bientôt généralisée dans la France entière.

NOTES

Tout cheval qui ne veut pas reculer manque de force dans les reins ; il est donc inutile de le battre sur la tête, comme malheureusement le font beaucoup de gens. Quand le cheval ne veut pas reculer, il faut caler les roues en avant, et faire obliquer la tête de votre cheval soit à droite, soit à gauche selon la position, et caler une roue et ensuite l'autre ; vous arrivez ainsi au point où vous voulez conduire votre voiture sans avoir besoin de frapper votre cheval, comme je l'ai vu et vois encore tous les jours.

En voyage lorsque vous arrêtez votre cheval et qu'il a chaud, il faut avoir bien soin de le couvrir avec une couverture de laine afin de lui éviter une fluxion de poitrine ou tout autre maladie toujours très-grave.

Lorsque vous mettez votre cheval au vert, les huit premiers jours il faut avoir bien soin de mêler du sec, et au bout de ce temps votre cheval pourra prendre sans inconvénient le vert comme nourriture, car, si vous le mettez au vert d'un seul coup, vous risquez de le perdre ou tout au moins de lui faire avoir des coliques ou tout autre maladie.

Le mois le plus propice est le mois de mai ; mais il faut avoir bien soin de ne pas lui donner de l'herbe mouillée, ce qui est très-mauvais.

Quand votre cheval est en sueur, il faut enlever la sueur avec une latte en la passant sur la peau et en appuyant assez fort afin qu'il n'en reste rien, vous le bouchonnez ensuite.

Lorsque votre cheval boite, si vous n'êtes pas certain de l'endroit où est le mal, faites-le déferrer et vous appellerez un vétérinaire.

A la suite d'une grande course mettez votre cheval à l'eau pendant 30 minutes, cela le délassera et lui retirera toute espèce de fatigue.

Si vous lui faites faire une grande course faites-le boire peu à la fois et souvent. Dans l'hiver les nuits étant longues, mettez de l'eau dans un bout de l'auge, votre cheval peut boire à volonté.

Quand un cheval tique, cela lui vient habituellement de ce qu'il reste trop longtemps à l'écurie; il faut donc avoir bien soin de ne jamais laisser le ratelier vide de paille; de cette façon il ne s'ennuiera pas et ne pensera pas à prendre ce vilain défaut; ou bien encore promenez-le pendant quelques heures par jour.

Tout propriétaire qui aurait un cheval tiquant, peut s'adresser à moi et je lui indiquerai le moyen d'empêcher son cheval d'avoir ce vilain défaut.

Quand votre cheval vient de manger et que vous le faites travailler il ne faut pas le forcer, car il a les intestins trop pleins et vous lui ôtez ses forces et cela lui donne des soufflements qui peuvent lui faire perdre la respiration.

Quand un cheval est susceptible de ruer, il ne faut jamais oublier de mettre une courroie de sûreté sur le derrière, passant sur la croupe du cheval et venant s'attacher aux deux brancards.

Pour les grosses voitures il faut avoir bien soin de mettre une chambrière mobile devant.

Ne laissez pas un cheval à une porte par des temps frais sans le couvrir.

Il ne faut jamais l'enrêner trop court, car vous gênez ses mouvements.

Pour les tombereaux, il ne faut jamais laisser la sous-ventrière à plus de 10 centimètres du ventre du cheval, car quand le tombereau *pèse léger*, s'il arrive à une descente, il retombe d'une force telle qu'il fait beaucoup de mal aux reins du cheval.

Quand une grosse voiture vient à s'enfoncer dans une ornière et qu'elle ne peut plus en sortir, il faut accrocher les chevaux aux roues, et bientôt elles seront dégagées. Il est donc important d'avoir toujours une forte chaîne avec soi.

Votre cheval est bien plus sujet à s'abattre dans l'été que dans l'hiver, car ayant le pied dans une boîte appelée sabot, qui obéit à la température, il arrive qu'elle se rétrécit faute d'avoir été graissée une ou deux fois par semaine. Toutefois, il ne faut pas la graisser trop souvent car vous rendriez la corne trop tendre, et insensiblement le cheval finirait par se fatiguer et se laisser tomber malgré les efforts de son conducteur pour le retenir ; mais, pour le cheval qui a des seimes aux pieds, il faut les lui graisser tous les jours afin d'empêcher l'air d'y pénétrer.

Il ne faut jamais attacher un cheval avec sa bride, vous vous exposeriez à lui faire couper la langue, ce que j'ai vu assez souvent; il faut lui mettre un licol ou l'attacher au cou.

Il y a une très-grande précaution à prendre dans l'entretien des guides, car il arrive qu'elles se rongent dans certains endroits, notamment à côté des boucles qui, finissant par se rouiller, coupent le cuir, ce qui peut faire arriver de graves accidents.

Quand on attelle un cheval à un cabriolet ou à une voiture à 4 roues, il ne faut jamais trop serrer la sous-ventrière, car vous gênez la cheval dans ses mouvements et vous empêchez la circulation du sang et donnez une trop forte pression sur le dos de votre cheval, ce qui, par lachaleur, lui occasionnerait des blessures, car, par ce moyen, les traits ne lui sont plus utiles puisqu'il est obligé de tirer du ventre, ce qui lui fait beaucoup de mal.

Manière de bien élever les poulains

Il faut laisser le poulain libre, jusqu'au jour où vous voulez l'atteler, ce qui ne doit pas être avant que l'animal ait atteint au moins l'âge de dix-huit mois ; on peut même attendre jusqu'à deux et trois ans, car il ne faut pas fatiguer trop le sujet qui, comme tous les autres êtres, a besoin de prendre des forces, de les développer. Ce temps lui est une sorte d'apprentissage utile, nécessaire et indispensable. Commencez par donner au poulain un nom par lequel vous l'appelerez toujours et qui, en le familiarisant avec vous, le rendra docile et obéissant.

Lorsque vous commencerez à l'atteler, donnez-lui pour compagnon de trait, autant que possible, un cheval d'un certain âge et connaissant déjà son métier, de façon à ce qu'il serve de guide à son jeune compagnon et le forme à la marche. Que rien, dans les traits, ne gêne, en les paralysant. les mouvements du jeune cheval, sans cela il contracterait des défauts.

Surtout pour une raison ou pour une autre ne maltraitez jamais un jeune cheval ; s'il n'obéit pas tout d'abord c'est plutôt par ignorance ou étourderie que par méchanceté. Il faut alors le prendre à la bride et lui parler, en l'appelant par son nom, sans rudesse et au contraire d'une voix caressante.

Avant de commencer à l'atteler ou même lorsque, en dehors du travail, il est au repos, laissez-le libre de tous ses mouvements ; cela lui donne de la force et lui développe les nerfs.

A l'écurie ne laissez jamais l'animal devant un ratelier vide, ce qui lui fait contracter la vicieuse habitude du tiquage et l'énerve.

On dit parfois, souvent même : « Tel cheval est méchant. » C'est un préjugé qu'il importe de dissiper; le cheval n'est pas méchant de sa nature, au contraire il ne le devient que parce qu'on le taquine ou qu'on l'ennuie, et alors il se révolte et se défend contre celui qui le brutalise, et l'on ne connaît que trop les redoutables vengeances que cet animal, justement irrité, tire de ses ennemis. Le cheval est ce qu'on le fait : bon, si on le traite avec douceur ; méchant, si on le tyrannise.

Ne point trop faire travailler un cheval est la première chose à observer ; la seconde non moins importante est de le préserver de l'humidité dans son écurie où il ne faut jamais le laisser plus de six heures inactif. Le cheval a besoin d'air et d'activité ; l'humidité lui affaiblit le sabot et lui détériore le pied : aucun animal n'a peut-être plus besoin d'une hygiène bien entendue, car aucun animal n'est plus délicat et sensible de sa nature.

Quant à la nourriture du poulain, évitez avec soin tout ce qui peut être échauffant pour l'animal, tel que les pois et la vesce : toute nourriture bien proportionnée suffit, surtout l'herbage, *le vert*, comme on dit.

La gourme, son traitement et sa guérison.

La gourme se déclare ordinairement entre la deuxième et la cinquième année ; on distingue en vraie ou bénigne, en fausse ou en maligne : la première est moins une maladie réelle qu'une dépuration nécessaire tous les jeunes chevaux, au sortir du pâturage.

Lorsque rien ne vient troubler la marche de la nature, la maladie s'annonce et se développe par les symptômes suivants : perte d'appétit, fièvre ordinairement légère, pesanteur de tête, le tissu cellulaire et les glandes de la ganache s'engorgent, l'auge s'emplit et se tuméfie, les naseaux suppurent peu abondamment d'abord, puis de plus en plus, et il se forme sous la ganache une tumeur. Il faut frictionner sur la ganache avec de l'huile de laurier.

La gourme n'est pas une maladie proprement dite, quand elle est bien soignée et prise au début ; ce n'est en quelque sorte qu'une purgation après laquelle l'animal ne se porte que mieux ; si, au contraire, on néglige cette affection, il en résulte un vrai désastre dans toutes les parties du corps très-susceptibles alors d'être envahies par la morve, la gale, la pousse et le cornage ou maladie de peau, des os, des jambes. De plus, l'animal est susceptible de maux d'yeux, qui dégénèrent en fluxion et peuvent amener la perte de la vue.

En suivant le traitement que je vais indiquer pour la gourme, vingt à vingt-cinq jours suffisent à procurer une ample et complète guérison de cette maladie plus alarmante que sérieuse au fond. Il faut d'abord tenir toujours bien chaudement le sujet atteint : au début de la maladie, l'animal ne veut ni boire ni manger, au moins pendant huit jours. Dans le cas où l'animal ne voudrait pas prendre de lui-même, il faut chaque jour lui faire avaler trois ou même quatre litres d'eau blanche de farine d'orge et miélée tiède ; lui faire avaler dans un tube en bois ou en corne l'eau miélée. Faites-lui manger du miel tant qu'il sera possible, et s'il ne veut pas manger de lui-même, faites-lui prendre du miel au moyen d'un tampon que vous portez à sa bouche. Au bout de quinze jours, mettez au poitrail un séton pour terminer la guérison par la purgation. Ne laissez jamais de foin devant l'animal, rien que la paille la plus fraîche possible pendant tout le temps de la maladie, et quand l'appétit reviendra, il suffira d'une poignée de foin, de temps en temps, deux fois par jour.

Chaque jour, faites une fumigation d'herbes aromatiques au-dessus de la vapeur desquelles vous tiendrez pendant un certain temps, une demi-heure, une heure même, bien enveloppée la tête du cheval malade, qui ne tardera pas à se dégager complétement.

Lorsqu'il y a engorgement de la ganache, il faut faire bouillir de la guimauve et lui poser avec une peau de mouton cette décoction, afin de faire mûrir le mal; dans le cas où il ne percerait pas de lui-même, percez-le avec un canif ou une flamme et laisser sortir le pus, sans jamais appuyer la main sur la plaie, pour éviter tout inconvénient. Conservez toujours la tête chaude jusqu'à ample guérison et promenez le cheval autant que possible au soleil et bien couvert.

Ce traitement m'a toujours parfaitement réussi avec tous mes chevaux atteints de gourme, que j'ai soignés par la méthode indiquée ci-dessus. A défaut du vétérinaire, qu'il est toujours bon d'appeler, servez-vous des remèdes dont je me servi moi-même.

Attelage à trois, quatre et cinq chevaux.

Il faut, dans le cas d'un attelage de quatre chevaux, par exemple (deux par deux), que le palonnier des chevaux de devant soit posé de manière qu'il ne frappe pas la bouche des chevaux de derrière si fort, comme je ne l'ai vu que trop souvent, qu'il fait saigner la bouche de ces pauvres animaux. La distance à observer est d'environ 30 centimètres, pour éviter l'inconvénient ci-dessus mentionné.

Il faut, de plus, avoir un fouet de longueur raisonnable, de façon à bien atteindre les chevaux de devant, sans toucher ceux de derrière ; mais le difficile est surtout de savoir se servir du fouet.

Quant aux guides des broches en dedans, dites italiennes, elles doivent avoir une longueur telle que chaque cheval tire sur le palonnier, de sorte que les deux chevaux attelés au timon ne soient pas trop rapprochés l'un de l'autre : sans cela, la tête de l'un touchant forcément celle de l'autre, il en résulte un agacement qui les conduit à se mordre.

En mettant les guides bien de distance, comme je l'ai déjà indiqué ci-dessus, vos chevaux embrasseront la largeur de votre essieu, et où l'attelage passe, la voiture suit, sans crainte de choc et d'accident.

Mettez les chevaux de devant à la même distance l'un de l'autre que ceux de derrière ; votre équipage en aura d'abord meilleure grâce et, ce qui est encore préférable, vos chevaux ne se frotteront pas l'un contre l'autre et auront plus d'air, surtout pendant les fortes chaleurs où ils souffrent déjà bien assez comme cela.

Si vous attelez un cinquième cheval, mettez-le entre les deux chevaux du premier rang, en ayant soin de tenir vos guides en rapport avec l'écartement du premier rang formé de trois chevaux, de façon à ce que le mouvement que vous imprimez soit à droite soit à gauche en dirigeant un des chevaux du devant leur donne à tous trois, sans effort, l'impulsion voulue, sans secousse.

Lorsque vous arrêtez dans une pente rapide une voiture à quatre roues, tournez votre avant-train, afin que la voiture ne recule pas ou bien mettez des cales ; mais, en bien tournant l'avant-train, vous n'auriez pas besoin d'employer de cales.

Cet ouvrage que je soumets à la société protectrice des animaux aura, je pense, en sortant de dessous les yeux de cette haute société, l'avantage de faire connaître les moyens pratiques de bien élever, soigner et diriger le cheval, et, par là même, d'éviter les accidents nombreux qui arrivent journellement, par suite de l'ignorance des personnes appelées à conduire des chevaux.

Lorsque par suite d'excès de travail un cheval arrive à être fourbu, on doit immédiatement appeler le vétérinaire, car le moindre retard peut entraîner les plus graves inconvénients et souvent même amener la perte de l'animal. Il faut immédiatement déferrer le cheval et rattacher les fers seulement avec quatre clous. En attendant les secours du vétérinaire, mettez le cheval sur-le-champ dans l'eau jusqu'aux genoux et saignez l'animal. Au sortir de l'eau, enveloppez les pieds du cheval avec de la terre glaise délayée avec du vinaigre; on pourra y ajouter de la bouse de vache.

Le cheval fourbu marche sur les talons et a les quatre jambes raides. C'est à ces signes que l'on connaît la fourbure.

Les personnes qui désireraient prendre des leçons de dressage à domicile peuvent s'adresser à M. BEILLARD, 56, avenue Bosquet, à Paris.

Les personnes qui désireraient se procurer le médicament que j'indique peuvent me le demander, en m'envoyant 2 fr. 50 par la poste.

NOTA. — M. BEILLARD ne s'occupe pas seulement du dressage et de l'attelage des chevaux de trait en tout genre, mais aussi des chevaux de luxe, dont il étudie et apprécie spécialement le caractère, — chose si importante et trop négligée. Il se charge aussi de rendre docile le cheval le plus fougueux.

Versailles. — Imp. Beaugrand et Dax, rue du Potager, 9.

RAPPEL DE MÉDAILLE

A Monsieur BEILLARD, à Versailles.

Paris, 24 juin 1874.

www.ingramcontent.com/pod-product-compliance
Ingram Content Group UK Ltd.
Pitfield, Milton Keynes, MK11 3LW, UK
UKHW022110170726
13837UKWH00003B/1151

9 782329 254623